TRAITÉ DE L'UNIVERS MATERIEL: *OU* ASTRONOMIE PHYSIQUE

CONTINUATION DE LA

TROISIE'ME PARTIE,

CONTENANT

Les Tables du Flux & du Reflux de la Mer Océane, les aspects des Planetes avec la Lune, les Vents qui pourront être causez par sa pression. Avec les Tables du passage de quelques Etoiles fixes par le premier Meridien pendant l'Année 1731.

Par le Sieur PETIT, *Arpenteur à Blois.*

A PARIS,

Chez JEAN VILLETTE Fils, rue S. Jacques, à S. Bernard.

M. DCC. XXXI.

Avec Approbation & Privilege du Roy.

L'Approbation & le Privilege n'ayant pû trouver de place ici sont à la fin de la troisiéme Partie.

TABLE DU FLUX ET DU REFLUX DE LA MER OCEANE,

Des Aspects des Planetes avec la Lune, des Vents causez par la pression de la Lune, & du passage de quelques Etoiles fixes par le premier Meridien pendant l'Année

M. DCC. XXXI.

JANVIER.

Jours	Dimanches & Fêtes.	Flux venant de l'Occident à l'Orient. I		II		Reflux allant de l'Orient à l'Occident. III		IIII	
		H	M	H	M	H	M	H	M
1 Lun.	*Circoncision.*	1 (soir)	19	0 (matin)	54	7 (matin)	7	7 (soir)	32
2 Mar.		2	9	1	44	7	57	8	22
3 Mer.	Ste Genevieve.	2	59	2	34	8	47	9	12
4 Jeu.		3	49	3	24	9	37	10	2
5 Ven.		4	39	4	14	10	27	10	52
6 Sam.	*Les Rois.*	5	29	5	4	11	17	11	42
7 *I. D.*		6	19	5	54	soir	7	matin	
8 Lun.		7	10	6	45	0	57	0	32
9 Mar.		8	0	7	35	1	47	1	22
10 Mer.		8	50	8	25	2	37	2	12
11 Jeu.	S. Hygin.	9	40	9	15	3	27	3	2
12 Ven.		10	30	10	5	4	17	3	52
13 Sam.		11	20	10	55	5	7	4	42
14 *II. D.*	S. Hilaire.	matin		11	45	5	57	5	32
15 Lun.	S. Paul I. Her.	0	10	soir	35	6	47	6	22
16 Mar.	S. Marcel P. M.	1	0	1	25	7	37	7	12
17 Mer.	S. Antoine.	1	50	2	15	8	28	8	3
18 Jeu.	Chai. S. P. à R.	2	40	3	5	9	18	8	53
19 Ven.	S. Canut M.	3	30	3	55	10	8	9	43
20 Sam.	S. Fab. S. Sebast.	4	20	4	45	10	58	10	33
21 *Dim.*	*Septuagesime.*	5	11	5	36	11	48	11	23
22 Lun.	S. Vincent M.	6	1	6	26	matin		soir	13
23 Mar.	S. Raymond Pe.	6	51	7	16	0	38	1	4
24 Mer.	S. Timoth. E. M.	7	41	8	6	1	29	1	54
25 Jeu.	Conv. de S. Paul.	8	31	8	57	2	19	2	44
26 Ven.	S. Polycarpe.	9	22	9	47	3	9	3	34
27 Sam.	S. Jean Chr. E.	10	12	10	37	3	59	4	24
28 *Dim.*	*Sexagesime.*	11	2	11	27	4	49	5	1
29 Lun.	S. François de S.	11	53	matin		5	40	6	5
30 Mar.	Se Martine V. M.	soir	43	0	18	6	30	6	55
31 Mer.	S. Pierre Nolas.	1	33	1	8	7	20	7	46

JANVIER.

Jours	Conjonctions & oppositions des Planetes avec la Lune.			Lieu de la Lune sur la ligne équinoxial. ou Equateur.		Vents	Noms des endroits au-dessus desquels la Lune se trouve.
	Aspects	H	M	Longitude Degrez	Latitude Degrez		
8	N. L.	9	7 m.	46	24 M.	υ	Monomotapa.
9	con. Ve.	4	22 s.	294	17 M.	V	Mer du Peroux.
10	conMer.	11	38 s.	223	9 M.		
11	conMar.	2	5 m.	187	9 M.		
11	op. Jup.	0	13 s.	45	4 M.		
12	con. Sat.	8	32 m.	107	1 M.	υ	Isles Maldives.
23	op. Ve.	0	3 m.	355	19 S.	υ	Isles du Cap vert.
23	P. L.	3	12 m.	312	18 S.	υ	Antisles.
24	op. Mer.	2	2 s.	165	12 S.		
26	con Jup.	2	37 m.	353	5 S.		
26	op. Mar.	7	58 m.	274	4 S.		
26	op. Sat.	10	58 s.	56	0 S.		

	PASSAGE PAR LE I. MERIDIEN DE							
	l'Et. Polaire		Capella		Regulus		Arcturus	
	H.	M.	H.	M.	H.	M.	H.	M.
1	5	53 s.	10	18 s.	3	10 m.	7	19 m.
16	4	18 s.	9	2 s.	2	5 m.	6	3 m.

FEVRIER.

Jours	Dimanches & Fêtes.	Flux venant de l'Occident à l'Orient. I H	I M	II H	II M	Reflux allant de l'Orient à l'Occident. III H	III M	IIII H	IIII M
		soir		matin		matin		soir	
1 Jeu.	S. Ignace E. M.	2	23	1	58	8	11	8	36
2 Ven.	*Purification.*	3	14	2	49	9	1	9	26
3 Sam.	S. Blaise E. M.	4	4	3	39	9	51	10	17
4 *Dim.*	*Quinquagesime.*	4	55	4	29	10	42	11	7
5 Lun.	Ste Agathe V. M.	5	45	5	20	11	32	11	57
6 Mar.	Ste Dorot. V. M.	6	35	6	10	soir	23	matin	
7 Mer.	*Les Cendres.*	7	26	7	1	1	13	0	48
8 Jeu.	S. Jean de Math.	8	16	7	51	2	4	1	38
9 Ven.	Ste Apolonie V.	9	7	8	41	2	54	2	29
10 Sam.		9	57	9	32	3	44	3	19
11 *I. Di.*		10	48	10	22	4	35	4	10
12 Lun.		11	38	11	13	5	25	5	0
13 Mar.		matin		soir	3	6	16	5	51
14 Mer.	S. Valentin M.	0	29	0	54	7	6	6	41
15 Jeu.	S. Faustin-Jov.	1	19	1	44	7	57	7	31
16 Ven.	S. Simeon E. M.	2	10	2	35	8	47	8	22
17 Sam.	*Quatre Temps.*	3	0	3	25	9	38	9	13
18 *II. D.*		3	51	4	16	10	28	10	3
19 Lun.		4	41	5	7	11	19	10	54
20 Mar.		5	32	5	57	matin		11	44
21 Mer.		6	22	6	48	0	9	soir	35
22 Jeu.	Ch. S. Pier. à A.	7	13	7	38	1	0	1	25
23 Ven.		8	4	8	29	1	51	2	16
24 Sam.	S. Mathias Ap.	8	54	9	20	2	41	3	7
25 *III. D*		9	45	10	10	3	32	3	57
26 Lun.		10	36	11	1	4	23	4	48
27 Mar.		11	26	11	52	5	13	5	39
28 Mer.		soir	17	matin		6	4	6	29

Epacte XXII.

FEVRIER.

Jours	Conjonctions & oppositions des Planetes avec la Lune. Aspects	H	M	Lieu de la Lune sur la ligne équinoxiale ou Equateur. Longitude Degrez	Latitude Degrez	Venus	Noms des endroits au-dessus desquels la Lune se trouve.
5	con. Ve.	6	21m.	63	22 M.	V	I. Madagascar.
6	N. L.	7	18 s.	253	13 M.	V	I. de Salomon.
7	conMer.	8	59 s.	225	6 M		
8	op. Jup.	2	3m.	167	5 M.		
8	con. Sat	11	9 s.	221	0 S.	u	Mer du Sud. I. S. Bernard.
9	conMar.	0	55m.	195	1 S.	u	Mer du Sud. I. Desolée.
18	op. Ve.	5	0 s.	69	21 S.		
21	op. Mer.	2	50m.	307	10 S.	u	Nouvelle Grenade.
21	P. L.	9	57 s.	32	7 S.	V	Guinée.
22	con Jup.	2	26m.	326	6 S.	V	Guyanne, Cayenne.
23	op. Sat.	11	42m.	201	1 M.		
24	op. Mar.	8	40m.	256	6 M.		

PASSAGE PAR LE I. MERIDIEN DE

	l'Et. Polaire H.	M.	Capella H.	M.	Regulus H.	M.	Arcturus H.	M.
1	3	41 s.	7	56 s.	0	58 m.	5	6 m.
16	2	41 s.	6	57 s.	11	54 s.	4	7 m.

MARS.

Jours	Dimanches & Fêtes.	FLUX venant de l'Ocident à l'Orient. I		II		REFLUX allant de l'Orient à l'Ocident. III		IIII	
		H	M	H	M	H	M	H	M
1 Jeu.		1	7	0	42	6	54	7	20
2 Ven.		1 soir	58	1 mat.	33	7 mat.	45	8 soir	11
3 Sam.		2	49	2	23	8	36	9	1
4 *IV. D*	S. Lucius P. M.	3	40	3	14	9	27	9	52
5 Lun.		4	30	4	5	10	17	10	43
6 Mar.		5	21	4	56	11	8	11	33
7 Mer.	S. Thom. d'Aq.	6	12	5	46	11	59	matin	
8 Jeu.	S. Jean de Dieu.	7	2	6	37	soir	50	0	24
9 Ven.	Ste Françoise V.	7	53	7	28	1	40	1	15
10 Sam.	40 Martyrs.	8	44	8	19	2	31	2	6
11 *Dim.*	*La Passion.*	9	35	9	9	3	22	2	57
12 Lun.	S. Gregoire P.	10	25	10	0	4	13	3	47
13 Mar.		11	16	10	51	5	3	4	38
14 Mer.		matin		11	41	5	54	5	29
15 Jeu.		0	7	soir	33	6	45	6	20
16 Ven.		0	58	1	23	7	35	7	10
17 Sam.	S. Patrice E.	1	49	2	14	8	26	8	1
18 *Dim.*	*Les Rameaux.*	2	39	3	5	9	17	8	52
19 Lun.		3	30	3	56	10	8	9	43
20 Mar.		4	21	4	46	10	59	10	33
21 Mer.		5	12	5	37	11	50	11	24
22 Jeu.		6	3	6	28	matin		soir	15
23 Ven.	*Vendredi Saint.*	6	5[illegible]	7	19	0	41	1	6
24 Sam.		7	44	8	10	1	31	1	57
25 *Dim.*	*PASQUES.*	8	35	9	0	2	22	2	48
26 Lun.		9	26	9	51	3	13	3	38
27 Mar.		10	17	10	42	4	4	4	29
28 Mer.		11	7	11	3[illegible]	4	55	5	20
29 Jeu.		11	58	matin		5	45	6	11
30 Ven.		soir	49	[illegible]	[illegible]	6	36	7	1
31 Sam.		[illegible]	40	[illegible]	[illegible]	7	26	7	52

Jours	MARS. Conjonctions & oppositions des Planetes avec la Lune.			Lieu de la Lune sur la ligne équinoxiale ou Equateur.		Vents	Noms des endroits au-dessus desquels la Lune se trouve.
	Aspects	H	M	Longitude Degrez	Latitude Degrez		
5	con. Ve.	4	6m.	77	20 M.	u	I. Maurice. Madagascar.
6	conMer.	9	17m.	17	12 M.		
7	op. Jup.	7	19m.	58	6 M.		
8	N. L.	8	52m	48	1 M.	u	Afriq. les Cafres. Zangueb.
8	con. Sat.	3	15 s.	316	1 S.	u	Am. meri Terre ferme.
10	conMar.	0	15m	198	10 S.		
19	opp. Ve.	1	4 s.	119	15 S.		
21	con Jup	1	28m.	312	7 S.	V	I. Grenade en Amerique.
21	op. Mer.	5	34m.	257	7 S.		
22	op. Sat.	11	55 s.	355	2 M.		
23	P. L.	2	8 s.	148	6 M.	V	I. Moluques.
25	op. Mar.	6	55m	275	14 M.		

	PASSAGE PAR LE I. MERIDIEN DE l'Et. Polaire		Capella		Regulus		Arcturus	
	H.	M.	H.	M.	H.	M.	H.	M.
1	1	51 s.	6	7 s.	11	5 s.	3	17 m.
16	0	56 s.	5	12 s.	10	10 s.	2	22 m.

AVRIL.

Jours	Dimanches & Fêtes.	FLUX venant de l'Occident à l'Orient. I		II		REFLUX allant de l'Orient à l'Occident. III		IIII	
		H	M	H	M	H	M	H	M
			soir		matin		matin		soir
1 *I. D.*	*Quasimodo.*	2	30	2	5	8	18	8	43
2 Lun.	*Annonciation.*	3	21	2	56	9	9	9	33
3 Mar.	S. Françcis de P.	4	12	3	46	9	59	10	25
4 Mer.	S. Isidore.	5	3	4	37	10	50	11	16
5 Jeu.	S. Vincent Fer.	5	54	5	28	11	41	matin	
6 Ven.		6	4[illegible]	6	19	soir	32	0	6
7 Sam.		7	35	7	10	1	22	0	57
8 *II. D.*		8	26	8	0	2	13	1	48
9 Lun.		9	17	8	51	3	4	2	39
10 Mar.		10	7	9	42	3	55	3	29
11 Mer.	S. Leon Pape.	10	58	10	3	4	45	4	20
12 Jeu.		11	49	11	23	5	36	5	11
3 Ven.	S. Hermegenil.	matin		soir	1[illegible]	6	27	6	2
14 Sam.	S. Tiburce M.	0	40	1		7	18	6	52
15 *III. D*		1	[illegible]0	1	5	8	8	7	43
16 Lun.		2	21	2	46	8	59	8	34
17 Mar.	S. Anicet P. M.	3	12	3	37	9	50	9	24
18 Mer.		4	2	4	28	10	41	10	15
19 Jeu.		4	53	5	19	11	31	11	6
20 Ven.		5	44	6	9	matin		11	57
21 Sam.	S. Anselme E.	6	35	7	0	0	22	soir	47
22 *IV. D*	SS. Soter & Caji.	7	26	7	51	1	13	1	38
23 Lun.	S. George.	8	16	8	41	2	3	2	29
24 Mar.		9	7	9	32	2	54	3	20
25 Mer.	S. Marc Evang.	9	58	10	2[illegible]	3	45	4	10
26 Jeu.	SS. Clet & Marc.	10	48	11	1[illegible]	4	36	5	1
27 Ven		11	39	matin		5	26	5	51
28 Sam.	S. Vital M.	soir	29	0	[illegible]	6	17	6	42
2[illegible] *V. D.*	S. Pierre Mart.	1	20	0	5[illegible]	7	7	7	33
30 Lun.	[illegible]e Cather. de S	2	10	1	4[illegible]	7	58	8	23

AVRIL.

Jours	Conjonctions & oppositions des Planetes avec la Lune. Aspects	H M	Lieu de la Lune sur la ligne équinoxiale ou Equateur. Longitude Degrez	Latitude Degrez	Vents	Noms des endroits au-dessus desquels la Lune se trouve.
3	con. Ve.	5 59m.	62	9 M.	υ	Nort de Madagascar.
3	op. Jup.	0 2 s.	320	8 M.	υ	I. De la Trinidad
5	conMer.	3 12m.	113	2 S.		
5	con. Sat.	6 49m.	61	3 S.		
6	N. L.	3 35 s.	306	11 S.	υ	I. Sous le vent.
7	conMar.	11 14 s.	208	17 S		
17	con Jup.	6 38m.	207	8 S.	υ	mer Pacifique.
18	op. Ve.	9 42m.	172	3 S.		
19	op. Sat.	1 26 s.	115	4 M.		
21	op. Mer.	6 35 s.	71	15 M.		
23	op. Mar.	5 38m.	288	20 M.		
25	P. L.	4 37m.	51	24 M.	υ	A l'Est de Ste Helene.
30	op. Jup.	4 40 s.	224	8 M.		

PASSAGE PAR LE I. MERIDIEN DE

	l'Et. Polaire H.	M.	Capella H.	M.	Regulus H.	M.	Arcturus H.	M
1	11	58 m.	4	14 s.	9	12 s.	1	24 m.
16	11	3 m.	3	19 s.	8	16 s.	0	29 m.

MAY.

Jours	Dimanches & Fêtes.	FLUX venant de l'Occident à l'Orient. I		II		REFLUX allant de l'Orient à l'Occident. III		IIII	
		H	M	H	M	H	M	H	M
		soir		matin		matin		soir	
1 Mar.	*S. Jacq. S. Phil.*	3	1	2	36	8	49	9	14
2 Mer	S. Athanase.	3	52	3	27	9	39	10	5
3 Jeu.	*ASCENSION.*	4	42	4	17	10	30	10	55
4 Ven.	Invent. Ste Cr.	5	33	5	8	11	20	11	45
5 Sam.	S. Pie Pape.	6	24	5	58	soir	11	matin	
6 *Dim.*	*S. Jean P. L.*	7	14	6	49	1	2	0	36
7 Lun.	S. Stanislas E.	8	5	7	39	1	52	1	27
8 Mar.	Ap. S. Michel.	8	55	8	30	2	43	2	16
9 Mer.	S. Gregoire Naz.	9	46	9	21	3	33	3	8
10 Jeu.	S. Antonin.	10	36	10	11	4	24	3	58
11 Ven.		11	27	11	2	5	14	4	49
12 Sam.	SS. Merée, &c. M.	matin		11	52	6	5	5	40
13 *Dim.*	*PENTECOSTE.*	0	12	soir	43	6	55	6	30
14 Lun		1	8	1	33	7	46	7	21
15 Mar.		1	58	2	24	8	36	8	11
16 Mer.	*Quatre Temps.*	2	49	3	14	9	27	9	1
17 Jeu.		3	39	4	5	10	17	9	52
18 Ven	4 *T.* S. Venant.	4	30	4	55	11	8	10	42
19 Sam.	*Quatre Temps.*	5	20	5	45	11	58	11	32
20 *I. D.*	SS. *TRINITE'.*	6	10	6	36	matin		soir	23
21 Lun		7	1	7	26	0	48	1	14
22 Mar.		7	51	8	17	1	39	2	4
23 Mer.		8	42	9	7	2	29	2	54
24 Jeu.	*FESTE-DIEU.*	9	32	9	57	3	20	3	45
25 Ven.	.. Urbain.	10	22	10	47	4	10	4	35
26 Sam.	S. Philippe de N.	11	13	11	38	5	0	5	26
27 *II. D*		soir	3	matin		5	51	6	16
28 Lun.		0	53	0	28	6	41	7	6
29 Mar.		1	43	1	19	7	31	7	57
30 Mer.		2	34	2	9	8	22	8	47
31 Jeu.	*Oct. Fête-Dieu.*	3	24	3	0	9	12	9	37

M A Y.

Jours	Conjonctions & oppositions des Planetes avec la Lune. Aspects	H M	Lieu de la Lune sur la ligne équinoxial, ou Equateur. Longitude Degrez	Latitude Degrez	Vents	Noms des endroits au-dessus desquels la Lune se trouve.
2	con. Ve.	4 41 s.	248	3 S.	u	I. de Salomon.
2	con. Sat.	8 8 s.	198	4 S.	u	I. Desolée. Mer pacifique.
6	N. L.	3 10m	127	20 S.	u	I. Borneo.
6	con Mar.	9 35 s.	226	22 S.		
7	con Mer.	1 46m	165	23 S.		
14	con. Jup	3 32 s.	43	8 S.	u	Afriq. R. de Mujac.
17	opp. Sat.	4 46m	236	5 M.		
18	op. Ve.	7 57m	200	11 M.		
22	P. L.	3 41 s.	125	22 M.	u	Ouest de la nouvelle Hollande.
23	op. Mar.	2 32m	327	22 M.		
23	op. Mer.	7 10m	277	25 M.		
28	op. Jup.	2 15m	55	8 M.		
30	con. Sat.	6 20m	20	5 S.	u	Mer de Guinée.

PASSAGE PAR LE I. MERIDIEN DE

	l'Et. Polaire H	M	Capella H	M	Regulus H	M	Arcturus H	M
1	10	7m.	2	23 s.	7	20 s.	11	29 s.
16	9	9m.	1	25 s.	6	22 s.	10	31 s.

JUIN.

Jours	Dimanches & Fêtes.	Flux venant de l'Occident à l'Orient. I		II		Reflux allant de l'Orient à l'Occident. III		IIII	
		H soir	M	H matin	M	H matin	M	H soir	M
1 Ven.		4	15	3	49	10	2	10	28
2 Sam.	S. Marcelin M.	5	5	4	40	10	53	11	18
3 *III. D*		5	56	5	31	11	43	matin	
4 Lun.		6	46	6	21	soir	33	0	8
5 Mar.		7	36	7	11	1	24	0	59
6 Mer.	S. Norbert E.	8	27	8	1	2	14	1	49
7 Jeu.		9	17	8	52	3	4	2	39
8 Ven.		10	7	9	42	3	55	3	29
9 Sam.	SS. Prime & Fel.	10	57	10	32	4	45	4	19
10 *IV. D.*	Ste Marg. R. d'E.	11	48	11	23	5	35	5	10
11 Lun.	S. Barnabé	matin		soir	13	6	25	6	0
12 Mar.	SS. Basili, &c. M.	0	38	1	3	7	16	6	51
13 Mer.	S. Antoine de P.	1	28	1	53	8	6	7	41
14 Jeu.	S. Basile le Gr.	2	19	2	44	8	56	8	31
15 Ven.	S. Vitius M.	3	9	3	34	9	46	9	21
16 Sam.		3	59	4	24	10	37	10	12
17 *V. D.*		4	49	5	14	11	27	11	2
18 Lun.	SS. Marc Marcel.	5	40	6	5	matin		11	52
19 Mar.	SS. Gervais Prot.	6	30	6	55	0	17	soir	42
20 Mer.	S. Silvere P. M.	7	20	7	45	1	7	1	32
21 Jeu.		8	10	8	35	1	58	2	23
22 Ven.	S. Paulin	9	0	9	26	2	48	3	13
23 Sam.		9	51	10	16	3	38	4	3
24 *VI. D*	*Nativ. S. J. B.*	10	41	11	6	4	28	4	53
25 Lun.		11	31	11	56	5	19	5	44
26 Mar.	SS. Jean & Paul	soir	21	matin		6	9	6	34
27 Mer.		1	12	0	47	6	59	7	24
28 Jeu.	S. Leon Pap.	2	2	1	37	7	49	8	15
29 Ven.	*S. Pierre & S. P.*	2	52	2	27	8	40	9	5
30 Sam.	S. Paul	3	42	3	17	9	30	9	55

JUIN.

Jours	Conjonctions & oppositions des Planetes avec la Lune.		Lieu de la Lune sur la ligne équinoxial. ou Equateur.		Vents	Noms des endroits au-dessus desquels la Lune se trouve.
	Aspects	H M	Longitude Degrez	Latitude Degrez		
1	con. Ve.	10 22m.	345	16 S.	υ	Ouest des I. du cap vert.
4	N. L.	3 1 s.	315	25 S.	υ	Au Nord des Antilles.
4	con Mar.	6 55 s.	258	25 S.		
6	con Mer.	7 15m.	93	20 S.		
11	con Jup.	4 59m.	180	7 S.	υ	A l'Est des Nouvelles Philipines.
13	op. Sat.	4 59 s.	358	6 M.		
17	op. Ven.	8 29m.	196	22 M.		
19	op. Mar.	9 9 s.	40	25 M.		
20	P. L.	0 28m.	353	25 M.	υ	I. de l'Ascension
20	op. Mer.	4 43m.	292	24 M.		
24	op. Jup.	0 56 s.	230	6 M.		
26	con. Sat.	2 18 s.	334	6 S.	υ	Mer Pacifique.

PASSAGE PAR LE I. MERIDIEN DE

	l'Et. Polaire		Capella		Regulus		Arcturus	
	H	M	H	M	H	M	H	M
1	8	4m.	0	20 s.	5	18 s.	9	26 s.
16	7	2m.	11	18 m.	4	16 s.	8	24 s.

JUILLET.

Jours	Dimanches & Fêtes.	Flux venant de l'Occident à l'Orient. I		II		Reflux allant de l'Orient à l'Occident. III		IIII	
		H	M	H	M	H	M	H	M
1 7e. *D.*		4 (ſoir)	33	4 (matin)	8	10 (mat.)	20	10 (ſoir)	45
2 Lun.	Viſitat. de la V.	5	23	4	58	11	10	11	36
3 Mar.		6	13	5	48	ſoir	1	matin	
4 Mer.		7	4	6	38	0	51	0	26
5 Jeu.		7	54	7	28	1	41	1	16
6 Ven.		8	44	8	19	2	32	2	7
7 Sam.		9	34	9	9	3	22	2	57
8 8e. *D.*	Ste Eliſabeth R.	10	25	10	0	4	12	3	47
9 Lun.		11	15	10	50	5	3	4	37
10 Mar.	7 Freres Mart.	matin		11	40	5	53	5	28
11 Mer.	S. Pie Pape	0	5	ſoir	30	6	43	6	18
12 Jeu.	S. Jean Gualb.	0	56	1	20	7	33	7	8
13 Ven.	S. Anaclet Pap.	1	46	2	11	8	24	7	58
14 Sam.	S. Bonaventure	2	37	3	2	9	14	8	49
15 9e. *D.*	S. Henry C.	3	27	3	52	10	5	9	39
16 Lun.	N. D. du M. C.	4	17	4	42	10	55	10	30
17 Mar.	S. Alexis C.	5	8	5	33	11	45	11	20
18 Mer.	Ste Sinphoroſe	5	58	6	23	matin		ſoir	10
19 Jeu.		6	48	7	13	0	35	1	1
20 Ven.	Ste Marguerite	7	38	8	4	1	26	1	51
21 Sam.	Ste Praxede	8	29	8	54	2	16	2	42
22 10e *D*	Ste Marie Mag.	9	19	9	45	3	7	3	32
23 Lun.	S. Apolinaire E	10	10	10	35	3	57	4	23
24 Mar.	Ste Chriſt. V. M.	11	0	11	26	4	48	5	13
25 Mer.	*S. Jaques Ap.*	11	51	matin		5	38	6	3
26 Jeu.	Ste Anne	ſoir	41	0	16	6	29	6	54
27 Ven.	S. Pantaleon M.	1	32	1	7	7	19	7	44
28 Sam.	*SS. Nazare & C.*	2	22	1	57	8	10	8	35
29 11e *D*	Ste Marthe V.	3	13	2	47	9	0	9	26
30 Lun.	SS. Abdon & S.	4	3	3	38	9	51	10	16
31 Mar.	S. Ignace	4	54	4	29	10	41	11	6

JUILLET.

Jours	Conjonctions & oppositions des Planetes avec Lune. Aspects	H M	Lieu de la Lune sur la ligne équinoxiale ou Equateur. Longitude Degrez	Latitude Degrez	Vents	Noms des endroits au-dessus desquels la Lune se trouve.
1	con. Ve.	8 52m.	12	24 S.		
2	con Mer.	9 37 s.	200	25 S.		
3	con Mar.	3 36 s.	300	24 S.		
4	N. L.	4 52m.	108	23 S	U	Golfe de Bengala.
8	con Jup.	8 15 s.	287	5 S.		
11	op. Sat.	2 24m.	218	6 M.		
17	op. Ve.	7 9m.	222	24 M.		
17	op. Mer.	3 35 s.	105	24 M.		
18	op. Mar	1 55 s.	140	22 M.		
19	P. L.	8 12m.	237	19 M.	U	Les 2. I. malheureuses.
22	op. Jup.	4 59m.	325	4 M.		
23	con. Sat.	10 29 s.	85	5 S.	U	Rivier des Amazones.
31	con. Ve.	1 27 s.	312	22 S.		

PASSAGE PAR LE I. MERIDIEN DE

	l'Et. Polaire H.	l'Et. Polaire M.	Capella H.	Capella M.	Regulus H.	Regulus M.	Arcturus H.	Arcturus M
1	6	0 m.	10	16 m	3	14 s.	7	22 s.
16	4	59 m.	9	15 m.	2	12 s.	6	21 s.

AOUST.

Jours	Dimanches & Fêtes.	FLUX venant de l'Occident à l'Orient. I H	M	II H	M	REFLUX allant de l'Orient à l'Occident. III H	M	IIII H	M
1 Mer.	S. Pierre aux L.	5	44 soir	5	19 matin	11	18 mat.	11	57 soir
2 Jeu.	S. Etienne P. M.	6	35	6	10	soir	22	matin	
3 Ven.	Invent. S. Etien.	7	25	7	0	1	13	0	47
4 Sam.	S. Dominique	8	16	7	50	2	3	1	37
5 12e *D*	Ste Marie aux N	9	6	8	41	2	54	2	28
6 Lun.	Transfiguration	9	57	9	32	3	44	3	19
7 Mar.	S. Cajetan	10	47	10	22	4	35	4	10
8 Mer.	SS. Cyriac & C.	11	38	11	13	5	26	5	0
9 Jeu.	S. Romain	matin		soir	3	6	16	5	50
10 Ven.	S. *Laurent*	0	29	0	54	7	7	6	41
11 Sam.	SS. Tiburce & C.	1	19	1	45	7	57	7	32
12 13e *D*	Ste Claire	2	10	2	35	8	48	8	23
13 Lun.	S. Hypolite M.	3	1	3	26	9	39	9	13
14 Mar.	S. Eusebe	3	51	4	17	10	29	10	4
15 Mer.	*Assompt. V. M.*	4	42	5	8	11	20	10	55
16 Jeu.	S. Hiacinte	5	33	5	58	matin		11	45
17 Ven.		6	23	6	49	0	11	soir	36
18 Sam.	S. Agapit M.	7	14	7	39	1	1	1	27
19 14e *D*		8	5	8	30	1	52	2	18
20 Lun.	S. Bernard Abbé	8	56	9	21	2	43	3	8
21 Mar.		9	46	10	11	3	34	3	59
22 Mer.	SS. Timoth. & C.	10	37	11	2	4	25	4	50
23 Jeu.	. Philipe Beniti.	11	28	11	53	5	15	5	40
24 Ven.	*S. Barthelemi A.*	soir	18	matin		6	6	6	31
25 Sam.	*S. Louis R. de F.*	1	9	0	44	6	56	7	22
26 15e *D*	S. Zephyrin M.	1	59	1	34	7	47	8	12
27 Lun.		2	50	2	25	8	38	9	3
28 Mar.	S. Augustin E.	3	41	3	16	9	29	9	54
29 Mer.	Decol. S. Jean B.	4	32	4	7	10	19	10	45
30 Jeu	Ste Rose de Lim.	5	23	4	58	11	10	11	36
31 Ven.	S. Raymond N.	6	14	5	48	soir	1	matin	

A O U S T.

Jours	Conjonctions & oppositions des Planetes avec la Lune. Aspects	H M	Lieu de la Lune sur la ligne équinoxial. ou Equateur. Longitude Degrez	Latitude Degrez	Vents	Noms des endroits au-dessus desquels la Lune se trouve.
1	conMar.	11 29m.	352	20 S.		
2	conMer.	2 12m.	139	18 S.		
2	N. L.	7 55 s.	241	15 S.	u	Mer Pacifique californie.
5	con Jup.	0 56 s.	14	3 S.		
7	op. Sat.	8 10m.	104	6 M.		
16	op. Ve.	4 15m.	276	17 M.		
16	op. Mar.	6 43m.	240	17 M.		
17	P. L.	3 22 s.	130	10 M.	u	I. de Batavia
18	op. Mer.	6 6m.	277	6 M.		
18	op. Jup.	11 58 s.	18	2 M.		
20	con.Sat.	3 58m.	334	6 S.	u	Mer deCayenne.
30	conMar.	6 58m.	52	14S.		
30	con. Ve.	10 22 s.	194	10S.		

PASSAGE PAR LE I. MERIDIEN DE

	l'Et. Polaire		Capilla		Regulus		Arcturus	
	H.	M.	H.	M.	H.	M.	H.	M.
1	3	55 m.	8	11m.	1	19 s.	5	17 s.
16	2	58 m.	7	14m.	0	11 s.	4	20 s.

SEPTEMBRE.

Jours	Dimanches & Fêtes.	Flux venant de l'Occident à l'Orient. I		II		Reflux allant de l'Orient à l'Occident. III		IIII	
		H	M	H	M	H	M	H	M
1 Sam.	S. Gilles	7	4	6	39	soir	52	mat.	26
2 16e *D*	S. Estiene R.	7 soir	55	7 matin	30	1	43	1	17
3 Lun.		8	46	8	21	2	33	2	8
4 Mar.		9	37	9	11	3	24	2	59
5 Mer.	S. Laurent J.	10	28	10	2	4	15	3	50
6 Jeu.		11	18	10	53	5	6	4	40
7 Ven.		matin		11	44	5	57	5	3
8 Sam.	*Nativ. de la V.*	0	9	soir	35	6	47	6	22
9 17e D	S. Gorgon M.	1	0	1	25	7	38	7	13
10 Lun.	S. Nicolas Tol.	1	51	2	16	8	29	8	4
11 Mar.		2	42	3	7	9	20	8	54
12 Mer.		3	33	3	58	10	11	9	45
13 Jeu.		4	23	4	49	11	1	10	36
14 Ven.	Exaltat. sainte C.	5	14	5	40	11	52	11	27
15 Sam.	S. Nicomede	6	5	6	31	matin		soir	18
16 18e *D*	Sts Corneil Cyp.	6	56	7	21	0	43	1	9
17 Lun.		7	47	8	12	1	34	2	0
18 Mar.	S. Thomas de V.	8	38	9	3	2	25	2	51
19 Mer.	Sts Janvier & C.	9	29	9	54	3	16	3	41
20 Jeu.	S. Eustache	10	19	10	45	4	7	4	32
21 Ven.	4 *T. S. Matthieu*	11	10	11	36	4	58	5	23
22 Sam.	4 *T.* S. Maurice	soir	1	matin		5	48	6	14
23 19e *D*	S. Lin Pap. M.	0	52	0	26	6	39	7	5
24 Lun.	Ste Mar. de la M	1	42	1	17	7	30	7	55
25 Mar.		2	33	2	8	8	21	8	46
26 Mer.	S. Cyprian M.	3	24	2	59	9	12	9	37
27 Jeu.	Sts Côme & Da.	4	15	3	49	10	2	10	28
28 Ven.	S. Vencellas M.	5	6	4	40	10	53	11	19
29 Sam.	*S. Michel Arch.*	5	57	5	31	11	44	matin	
30 20e *D*	S. Hierome E.	6	48	6	22	soir	35	0	9

SEPTEMBRE.

Jours	Conjonctions & oppositions des Planetes avec la Lune.			Lieu de la Lune sur la ligne équinoxiale ou Equateur.		Vents	Noms des endroits au-dessus desquels la Lune se trouve.
	Aspects	H	M	Longitude Degrez	Latitude Degrez		
1	N. L.	11	50m.	3	4 S.	u	Mer de Guinée.
2	con Jup.	6	43m.	87	0 S.		
3	conMer.	11	4m.	29	6 M.		
13	op. Mar.	9	42 s.	7	27 M.		
15	op. Ve.	0	57m.	333	4 M.		
15	op. Jup.	8	26 s.	52	0 S.		
15	P. L.	11	12 s.	12	1 S.	V	Mer de Guinée.
16	con. Sat	1	8 s.	170	5 S.	V	I. des Larrons.
17	op. Mer.	7	36 s.	80	12 S.		
28	conMar.	2	15m.	115	8 S.		
30	con Jup.	1	8m.	151	2 M.		
30	con. Ve.	8	47m.	40	4 M.		
30	op. Sat.	1	1 s.	333	5 M.		

PASSAGE PAR LE I. MERIDIEN DE

	l'Et. Polaire		Capella		Regulus		Arcturus	
	H.	M.	H.	M.	H.	M.	H.	M.
1	1	59m.	6	15m.	11	13 m.	3	21 s.
16	1	5 m.	5	21m.	10	18 m.	2	27 s.

OCTOBRE.

Jours	Dimanches & Fêtes.	Flux venant de l'Occident à l'Orient. I		II		Reflux allant de l'Orient à l'Occident. III		IIII	
		H	M	H	M	H	M	H	M
		foir		matin		foir		matin	
1 Lun.	S. Remy E.	7	38	7	13	1	26	1	0
2 Mar.	Sts Anges Gard.	8	29	8	4	2	16	1	51
3 Mer.		9	19	8	55	3	7	2	42
4 Jeu.	S. François d'Af.	10	10	9	45	3	58	3	33
5 Ven.	S. Placide	11	1	10	36	4	49	4	23
6 Sam.	S. Bruno C.	11	52	11	27	5	40	5	14
7 21e *D*	S. Marc P. M.	matin		foir	17	6	30	6	5
8 Lun.	Ste Brigite	0	43	1	8	7	21	6	55
9 Mar.	S. Denys	1	34	1	59	8	12	7	46
10 Mer.	S. François Bor.	2	24	2	50	9	3	8	37
11 Jeu.		3	15	3	41	9	53	9	28
12 Ven.		4	6	4	31	10	44	10	19
13 Sam.	S. Eduard	4	57	5	22	11	35	11	9
14 22e *D*	S. Caliste Pape	5	47	6	13	matin		foir	0
15 Lun.	Ste Therese V.	6	38	7	4	0	26	0	51
16 Mar.		7	29	7	54	1	16	1	42
17 Mer.	Ste Heduige	8	20	8	45	2	7	2	32
18 Jeu.	S. Luc Evang.	9	10	9	36	2	58	3	23
19 Ven.	S. Pierre Alcant.	10	1	10	26	3	48	4	13
20 Sam.		10	51	11	17	4	39	5	4
21 23e *D*	S. Hilari Ste Ur.	11	42	matin		5	30	5	55
22 Lun.		foir	33	0	8	6	20	6	45
23 Mar.		1	23	0	58	7	11	7	36
24 Mer.		2	14	1	49	8	1	8	27
25 Jeu.	S. Chrysante	3	5	2	39	8	52	9	17
26 Ven.	S. Evariste Pape	3	55	3	30	9	43	10	8
27 Sam.		4	46	4	21	10	33	10	58
28 24e *D*	*S. Simon S. Jude*	5	36	5	11	11	24	11	49
29 Lun.		6	26	6	2	foir	14	matin	
30 Mar.		7	17	6	52	1	5	0	38
31 Mer.		8	8	7	43	1	44	1	30

OCTOBRE.

Jours	Conjonctions & oppositions des Planetes avec la Lune. Aspects	H M	Lieu de la Lune sur la ligne équinoxiale ou Equateur. Longitude Degrez	Latitude Degrez	Vents	Noms des endroits au-dessus desquels la Lune se trouve.
1	N. L.	4 5m.	138	8 M.	u	I. Moluques.
3	conMer.	4 36m.	134	16 M.		
12	op. Mar.	10 21m.	169	4 M.		
13	op. Jup.	3 50 s.	101	3 S.		
13	con. Sat.	8 0 s.	41	4 S.	V	Afriq. Mujac R.
14	opp. Ve.	11 25 s.	4	11 S.		
15	P. L.	8 27m.	333	12 S.	V	A l'Est des Antilles.
15	op. Mer.	4 5 s.	153	14 S.		
26	conMar.	9 13 s.	180	1 S.		
27	op. Sat.	5 11 s	249	4 M.		
27	con Jup.	7 32 s.	215	5 M.		
30	conMer.	7 10m.	55	11 M.		
30	con. Ve.	5 15 s.	280	17 M.		
30	N. L.	7 46 s.	243	18 M.	u	Sud des I. Salo.

PASSAGE PAR LE I. MERIDIEN DE

	l'Et. Polaire H.	l'Et. Polaire M.	Capella H.	Capella M.	Regulus H.	Regulus M.	Arcturus H.	Arcturus M.
1	0	15 m.	4	27m.	9	28m.	1	37 s.
16	11	16 s.	3	32m.	8	33m.	0	41 s.

NOVEMBRE.

Jours	Dimanches & Fêtes.	FLUX venant de l'Occident à l'Orient. I		II		REFLUX allant de l'Orient à l'Occident. III		IIII	
		H	M	H	M	H	M	H	M
		soir		matin		soir		matin	
1 Jeu.	*La Toussaint*	8	58	8	33	2	46	2	21
2 Ven.	*Les Morts*	9	49	9	24	3	36	3	11
3 Sam.		10	39	10	14	4	27	4	1
4 25e D	S. Charles E.	11	30	11	5	5	17	4	52
5 Lun.		matin		11	55	6	8	5	42
6 Mar.		0	20	soir	45	6	58	6	33
7 Mer.		1	11	1	36	7	49	7	23
8 Jeu.	4 Couronnez M.	2	1	2	26	8	39	8	14
9 Ven.	Dédi. S. Sauveur	2	52	3	17	9	29	9	4
10 Sam.	S. André Aveli.	3	4	4	7	10	20	9	55
11 26e D	*S. Martin E. T.*	4	32	4	57	11	10	10	45
12 Lun.	S. Martin Pape	5	2	5	48	matin		11	35
13 Mar.	S. Didace	6	13	6	38	0	0	soir	26
14 Mer.		7	3	7	28	0	50	1	16
15 Jeu.		7	53	8	19	1	41	2	6
16 Ven.		8	44	9	9	2	31	2	56
17 Sam.	S. Gregoire Th.	9	34	9	59	3	22	3	47
18 27e D	Dedi Egl. S. Pi.	10	2	0	49	4	12	4	37
19 Lun.	Ste Elisabeth	11	14	11	40	5	2	5	27
20 Mar.	S. Felix Valois	soir	5	matin		5	52	6	17
21 Mer.	Pref. de la Vier.	0	55	0	30	6	42	7	8
22 Jeu.	Ste Cecile V. M.	1	45	1	20	7	33	7	58
23 Ven.	S. Clement Pap.	2	35	2	10	8	23	8	48
24 Sam.	S. Chrisogo. M.	3	2	3	0	9	13	9	38
25 28e D	Ste Cath. V. M.	4	16	3	51	10	3	10	28
26 Lun.	S. Pier. Alex. M.	5	6	4	41	10	53	11	18
27 Mar.		5	5	5	31	11	4	matin	
28 Mer.		6	46	6	21	soir	34	0	8
29 Jeu.	S. Saturnin	7	36	7	11	1	24	0	58
30 Ven.	*S. André Ap.*	8	26	8	1	2	14	1	49

NOVEMBRE.

Jours	Conjonctions & oppositions des Planetes avec la Lune. Aspects	H M	Lieu de la Lune sur la ligne équinoxial ou Equateur. Longitude Degrez	Latitude Degrez	Vents	Noms des endroits au-dessus desquels la Lune se trouve.
10	op. Mar.	0 38m.	305	3 S.		
10	con. Sat.	2 6m.	281	3 S.	U	Mer de Panama.
10	op. Jup.	9 19m.	182	5 S.		
12	op. Mer.	3 32 s.	107	16 S.		
13	P. L.	8 12 s.	57	21 S.	U	Mer Rouge.
14	op. Ven.	0 48m.	350	22 S.		
23	op. Sat.	11 25 s.	127	3 S.		
24	con Jup.	1 44 s.	278	4 M.		
24	con Mar.	3 51 s.	247	7 M.		
28	con Mer.	10 7 s.	191	22 M.		
29	N. L.	10 36m.	21	26 M.	U	Mer de I. Ste Helene.
29	con. Ve.	10 37 s.	208	24 M.		

PASSAGE PAR LE I. MERIDIEN DE

	l'Et. Polaire H	M	Capella H	M	Regulus H	M	Arcturus H	M
1	10	15 s.	2	1m.	7	32m.	11	40m.
16	9	14 s.	1	30m.	6	31m.	11	40m.

DECEMBRE.

Jours	Dimanches & Fêtes.	Flux venant de l'Occident à l'Orient. I		II		Reflux allant de l'Orient à l'Occident. III		IIII	
		H	M	H	M	H	M	H	M
		soir		matin		soir		matin	
1 Sam		9	16	8	51	3	4	2	39
2 *I. D.*	*L'Avent.*	10	7	9	42	3	54	3	29
3 Lun.	S. Fr. Xavier C.	10	57	10	32	4	44	4	19
4 Mar.	Ste Barbe V. M.	11	47	11	22	5	34	5	9
5 Mer.		matin		soir	12	6	24	5	59
6 Jeu.	S. Nicolas E.	0	37	1	2	7	14	6	49
7 Ven.	S. Ambroise.	1	27	1	52	8	4	7	39
8 Sam	*Concept. de la V.*	2	17	2	42	8	54	8	29
9 *II.D.*		3	7	3	32	9	44	9	19
10 Lun.	S. Melchiade m.	3	57	4	22	10	34	10	9
11 Mar.	S. Damase Pape.	4	47	5	11	11	23	10	59
12 Mer.		5	36	6	2	matin		11	48
13 Jeu.	Ste Luce V. M.	6	26	6	51	0	13	soir	38
14 Ven.		7	16	7	41	1	4	1	29
15 Sam.	S. Eusebe E. M.	8	6	8	31	1	54	2	19
16 *III.D*		8	56	9	21	2	44	3	9
17 Lun.		9	47	10	11	3	34	3	59
18 Mar.		10	36	11	1	4	24	4	48
19 Mer.	*Quatre Temps.*	11	26	11	51	5	14	5	39
20 Jeu.		soir	16	matin		6	4	6	29
21 Ven.	S. Thomas Ap.	1	6	0	41	6	54	7	18
22 Sam.	*Quatre Temps.*	1	56	1	31	7	44	8	9
23 *IV.D.*		2	46	2	21	8	34	8	59
24 Lun.		3	36	3	11	9	24	9	49
25 Mar.	*NOEL.*	4	26	4	1	10	14	10	39
26 Mer.	*S. Etienne.*	5	16	4	51	11	4	11	29
27 Jeu.	*S. Jean Ap.*	6	6	5	41	11	54	matin	
28 Ven.	*Les SS. Innoc.*	6	56	6	31	soir	44	0	19
29 Sam.	S. Thomas Cant.	7	46	7	21	1	34	1	9
30 *Dim.*		8	36	8	11	2	24	1	59
31 Lun.	S. Silvestre Pap.	9	26	9	1	3	14	2	14

DECEMBRE.

Jours	Conjonctions & oppositions des Planetes avec la Lune. Aspects	H M	Lieu de la Lune sur la ligne équinoxial. ou Equateur. Longitude Degrez	Latitude Degrez	Vents	Noms des endroits au-dessus desquels la Lune se trouve.
7	con. Sat	6 6m.	197	3 S.	υ	Mer Pacifique.
7	op. Jup.	11 9 s.	305	7 S.		
8	op. Mar.	11 22m	127	10 S.		
13	P. L.	10 13m	206	24 S.	υ	Mer Pacifique.
13	op. Mer.	1 38 s.	157	24 S.		
14	op. Ve.	5 50m	283	23 S.		
21	opp. Sat.	8 2m	328	4 M.		
22	con. Jup	5 29m	15	8 M.	υ	Mer de Guinée.
23	con Mars	9 1m	334	13 M.	υ	Bresil.
28	N. L.	11 46 s.	183	23 M.	υ	Mer Pacifique.
29	con Mer.	7 34 s.	258	19 M.		
29	con. Ve.	10 43 s.	214	20 M.		

PASSAGE PAR LE I. MERIDIEN DE

	l'Et. Polaire H	M	Capella H	M	Regulus H	M	Arcturus H	M
1	8	11 s.	0	27m.	5	28 m.	9	37 m.
16	7	5 s.	11	21 s.	4	22 m.	8	31 m.

TABLE du Passage par le premier Meridien de l'Etoile luisante de l'Oeil du Taureau, appellée Aldebaran, *pendant les six mois de l'année 1731 qu'elle sera visible.*

Jours	JANVI. soir H	M	FEVRI. soir H	M	SEPTE. matin H	M	OCTOB. matin H	M	NOVE. matin H	M	DECE. soir H	M
1	9	32	7	21	5	43	4	56	1	59	11	51
2	9	29	7	17	5	39	3	51	1	55	11	47
3	9	25	7	13	5	36	3	48	1	51	11	43
4	9	20	7	9	5	32	3	44	1	47	11	38
5	9	16	7	5	5	29	3	40	1	43	11	34
6	9	11	7	1	5	25	3	37	1	39	11	30
7	9	7	6	57	5	21	3	33	1	35	11	25
8	9	3	6	53	5	18	3	29	1	31	11	21
9	8	58	6	49	5	15	3	26	1	27	11	16
10	8	54	6	45	5	11	3	21	1	23	11	12
11	8	50	6	41	5	7	3	18	1	19	11	8
12	8	45	6	37	5	3	3	15	1	15	11	3
13	8	41	6	33	5	0	3	11	1	11	10	59
14	8	37	6	29	4	56	3	7	1	7	10	54
15	8	32	6	25	4	53	3	4	1	4	10	50
16	8	28	6	21	4	49	3	0	0	59	10	45
17	8	24	6	17	4	45	2	56	0	55	10	41
18	8	19	6	14	4	42	2	52	0	51	10	37
19	8	15	6	10	4	38	2	49	0	46	10	32
20	8	11	6	6	4	35	2	45	0	42	10	28
21	8	7	6	2	4	31	2	41	0	38	10	23
22	8	2	5	58	4	27	2	37	0	34	10	19
23	7	58	5	54	4	24	2	34	0	30	10	14
24	7	54	5	51	4	20	2	30	0	25	10	10
25	7	50	5	47	4	17	2	26	0	21	10	5
26	7	46	5	43	4	13	2	22	0	17	10	1
27	7	41	5	39	4	9	2	18	0	13	9	57
28	7	37	5	36	4	5	2	15	0	8	9	52
29	7	33			4	2	2	11	0	4	9	48
									12 soir	0		
30	7	29			3	59	2	7	11	56	9	43
31	7	25					2	3			9	39

Explication des Tables & de leurs Usages.

CHaque mois contient deux pages qui se regardent, dont l'une à gauche contient six colonnes, la premiere desquelles contient les jours du mois & de la semaine, la seconde, les Dimanches & Fêtes selon le Breviaire Romain. Le surplus est divisé en quatre colonnes, cottées I. II. III. & IIII. La I. & la II. comprennent le Flux, la III. & IIII. contiennent le Reflux.

La Mer de l'Ocean s'étend depuis les côtes de l'Amerique qui la bornent à l'Occident, jusqu'aux côtes de l'Europe & de l'Afrique qui la bornent à l'Orient.

Cette Mer de l'Ocean monte deux fois & descend deux fois chaque jour : c'est-à-dire, qu'elle s'éleve & s'abaisse, qu'elle aproche des côtes & s'en retire deux fois tous les jours.

Le mouvement & Vibration de la Mer qui vient de l'Occident & monte sur les côtes de l'Orient, (qui sont les côtes de l'Europe & de l'Afrique,) ou le temps qu'elles monte sur ces côtes s'appelle FLUX; en termes de Marine FLOT. Le retour de la Mer, partant des côtes d'Europe & d'Afrique, pour s'en retourner sur les côtes Occidentales de l'Ocean (qui sont les côtes de l'Amerique) s'appelle REFLUX; en terme de Marine JUSAN.

J'ai expliqué dans le Chapitre V. Comment les Vibrations de la Mer, se font en temps égal ainsi que les Vibrations d'une Pendule, & que l'inégalité des Marées ne peut être sensible que sur les côtes & sur la superficie des eaux ; qu'en pleine Mer le fond de cale d'un vaisseau se trouve en entier plongé dans le courant du Flux, ou du Reflux, & par conséquent entrainé par ces courants, vers les côtez ou ils tournent, de même que sur une Riviere, un bateau plat en dessous, qui prend peu d'eau & y enfonce au plus d'un pied, est toujours entrainé par le courant, nonobstant les vents contraires qui forment & font monter des houles & des vagues; & si ce bateau n'a point de voiles d'une grande hauteur pour recevoir le vent, il ne cessera point de descendre & suivre le courant de l'eau; & que ceux qui sont sur un Vaisseau dans une Rade proche une côte, ou un Port connoissent par son mouvement le moment que la Marée commence à baisser ou à descendre, ainsi ceux qui sont sur un Vaisseau en pleine Mer, connoissent & sentent le moment que la Vibration des eaux change son cours de de l'Est à l'Ouest, & de l'Ouest à l'Est, c'est-à-dire, que le courant change de Flux en Reflux, ou de Reflux en Flux. Il ne faut que carguer ou ferler les voiles, pour empêcher les Vents de les trop dominer.

Regles pour se servir des Tables du Flux & du Reflux.

Pour connoître la Longitude d'un Vaisseau qui est sur l'Ocean, il faut observer un moment auquel la Vibration ou courant des eaux, va changer pour retourner au côté opposé, carguer les voiles, afin qu'elles ne puissent être trop dominées par le vent, & que le Vaisseau soit moins empêché de se laisser conduire par le courant : remarquer avec le plus de justesse qu'il sera possible, l'heure précise du changement de courant, s'il vient Flux, ou Reflux, & s'il est devant ou aprés midi, chercher ensuite dans la colonne à laquelle l'observation convient, prendre la difference de l'heure trouvée à celle de ce jour-là dans la colonne convenable : si l'heure trouvée est plus haute que celle de la Table, le Vaisseau est à l'Est du premier Meridien, si elle est moindre le Vaisseau est à l'Ouest du premier Meridien.

I. EXEMPLE

Le 3 Mars 1731, un Pilote sur un Vaisseau en pleine Mer, observe que le courant du Reflux qui alloit de l'Orient à l'Occident se tourne en courant de Flux pour aller de l'Occident à l'Orient, étant 3 heures 55 min. du matin sur le Vaisseau : il veut sçavoir à quel degré de Longitude est le Vaisseau. Il cherche le 3 Mars aux colonnes du FLUX, celui du matin qui se trouve à la colonne II. 2. h. 23. m. du matin, qui est moindre que l'heure du Vaisseau de 1. h. 12. m. qui reduite en degrez valent 18. degrez pour la distance du Vaisseau au 1. Meridien. Ainsi il connoît que le Vaisseau est à l'Est du premier Meridien, parceque l'heure du Vaisseau surpasse l'heure portée par la Table.

II. EXEMPLE.

Le 15 Mars 1731, à 5 h, 12 m, du matin, il observe que

le courant tourne du côté de l'Occident. Aux colonnes du Reflux à celle cottée IIII. il trouve 6 h. 20 m. du matin, pour l'heure du Reflux au premier Meridien le 15 Mars au matin, laquelle surpasse l'heure qu'il est sur le Vaisseau de 1 h. 8. m. qui valent 17 degrez, qui sont la distance du Vaisseau au premier Meridien, le Vaisseau en étant éloigné à l'Ouest de ces 17 degrez, parceque l'heure qu'il est sur le Vaisseau, est moindre que celle portée par la Table.

En ôtant ces 17 degrez de 360 degrez, il restera 343 deg. pour la Longitude, au lieu où est le Vaisseau.

En ajoutant ces 17 degrez de distance, où se trouve le Vaisseau à l'Ouest du premier Méridien, avec les 18 deg. qu'il étoit à l'Est du même Méridien lors de la Premiere observation, la somme des deux qui est 35 degrez est la somme des degrez de Longitude que le Vaisseau a avancé depuis la premiere observation.

III. EXEMPLE.

Le 5 Juin 1731, un Pilote sur un Vaisseau observe que le courant, ou vibration de la Mer, tourne de l'Orient à l'Occident, étant sur le Vaisseau 11 h. 53 m. du matin. Ce même jour à la III colonne qui est au Reflux de l'Orient à l'Occident, il trouve 1 h. 24 m. du soir, il y ajoûte 12 heures, le tout fait 13 h. 24 m. dont il faut ôter 11 h. 53 m. il reste 1 h. 31 m. pour la distance horaire du Vaisseau au premier méridien, laquelle reduite en degrez, donne 22 degrez 45 m. pour la distance ou le Vaisseau se trouve à l'Ouest du premier méridien. Cette distance en degrez, ôtée de 360 deg. le restant 337 deg. 15 m. est la Longitude du Vaisseau, le 7 Juin 1731, à 11 heures 53 m. du matin.

AVERTISSEMENT.

Au chapitre XII. pages 54, 55 & 56. Je me suis expliqué sur ce que je n'ai pas pû encore connoître le véritable moment du changement de vibration des eaux de l'Ocean: ce que j'ai réïteré en partie à la page 86, il est certain qu'il doit y avoir une difference sensible de mes Tables à ce vrai moment, elle se corrigera aisément, en observant sur un Vaisseau, l'heure veritable qu'il y sera au moment de l'un de ces changemens de vibration de Flux en Reflux, ou de Reflux en Flux, n'ayant point encore eû de nouvelles du moment précis de ce changement, je n'ai pas cru devoir rien changer à la régle que j'ai suivie pour 1730, aussi-tôt que j'aurai des avis certains, je m'y conformerai pour les années suivantes, parceque cette difference une fois connue, il n'y aura pas de difficulté à rectifier les Tables.

La seconde page de chaque mois qui est à droit, est divisée en deux Parties, la premiere en haut contient cinq colonnes.

La premiere colonne contient les jours du mois ausquels il se trouve des conjonctions & oppositions des Planetes avec la Lune.

La seconde colonne contient les conjonctions & oppositions des Planetes avec la Lune, avec les nouvelles & pleines Lunes. N'ayant pas encore des caracteres des Planetes & de leurs Aspects, j'ai fait des Notes pour les désigner, qui ne sont pas moins intelligibles. En voici l'explication.

Con. . . . . . *signifie* . . . . Conjonction.
Opp. . . . . Opposition.
N.L. . . . . Nouvelle Lune.
P.L. . . . . Pleine Lune.
Mer. . . . . Mercure.
Ve. . . . . Venus.
Mar. . . . . Mars.
Jup. . . . . Jupiter.
Sat. . . . . Saturne.

La troisiéme colonne contient l'heure & minute qu'il sera au premier méridien au temps des conjonctions, oppositions, Nouvelles & Pleines Lune.

s. . . . . *signifie*. . . . . Soir.
m. Matin.

La quatriéme colonne contient le degré de longitude sur la ligne Equinoxiale, ou Equateur, auquel la Lune se trouvera au moment de la conjonction ou opposition, Pleine ou Nouvelle Lune.

La cinquiéme colonne contient le degré de latitude ou distance de la Lune à la ligne Equinoxiale, autrement dite l'Equateur.

S. . . . . *signifie*. . . . . Septentrionale.
M. Méridionale.

La sixiéme colonne marque les vents qui pourront être

causez par la pression de la Lune, avec son tourbillon; aux momens des Aspects des Planetes avec la Lune.

V. . . . Signifie que le vent pourra être fort ou très-frais.

v. . . . Signifie que le vent sera moins fort ou moins frais.

Il y a une septiéme colonne qui fait mention des lieux & endroits du monde, au-dessus desquels la Lune se trouvera à l'instant des pressions que je marque, qui causeront des vents.

L'on pourra observer si la pression de la Lune se fait sentir & cause le vent, dans l'endroit au-dessus duquel elle se trouve, au même instant de sa pression, ou s'il y a un retardement, & de combien est ce retardement.

La pression de la Lune marquée dans la Table du mois de Fevrier 1730, le 3 dudit mois, au 320 degré de Longitude, & 19 degrez de Latitude Septentrionale qui étoit au Nord des Isles Antiles, ne fut sensible à Paris que vers le 8 Fevrier, qui étoit cinq jours après la pression. Ce vent dura plusieurs jours fort sensible, ce retardement de cinq jours peut être attribué au temps qu'il faut au vent pour couler sur les eaux depuis les Isles Antiles jusqu'aux côtes d'Europe & à Paris.

Quand la pression se fait au-dessus de la Mer pacifique, l'éfort du vent ne parvient pas en Europe.

Le tourbillon de la Lune (qui peut avoir son diamétre égal à cinq ou six fois celui de la terre,) couvre & étend sa pression sur la superficie de la terre, par un cercle d'environ 30 à 35 degrez de diamétre: cette pression avec cette étendue court sur toute la circonférence du Zodiaque, & fait une revolution en 24 heures lunaires, elle continue ses révolutions successivement sans cesser. Le tourbillon de la Lune qui a une grande étendue, oblige une pareille étendue d'air à lui faire place continuellement, particulierement vers les nouvelles Lunes, & les pleines Lunes qu'elle est très-proche de la terre: le mouvement de l'air qui fait place au tourbillon de la Lune, se fait sentir jusques sur la superficie des eaux, & c'est ce qui forme le vent, parceque l'air ne peut changer de place sans causer du vent, & plus la pression est vive plus le vent est frais, c'est-à-dire plus fort.

Si un Navire se rencontre au-dessous du tourbillon de

la Lune lors d'une pression marquée V. il pourra ressentir certains accidens sur lesquels je voudrois bien que ceux qui s'y trouveront, fissent leurs remarques convenables, afin qu'à l'avenir je puisse en raisonner plus utilement. C'est pour soustraire tout calcul que j'ai fait une septiéme colonne qui désigne les lieux au-dessus desquels la Lune se trouve au moment des pressions; afin que ceux qui montent les Navires, connoissent s'ils en sont éloignez, ou s'ils sont dessous par la simple lecture.

J'ai ajouté à cette seconde page une Table du passage par le premier méridien, de l'Etoile Polaire, de Capella autrement dite la Chevre, du cœur du lion, appellé Regulus, & de Arcturus, seulement deux fois par mois, afin qu'étant sur un Vaisseau, l'on puisse s'en servir pour prendre la hauteur du Pole, & prendre la déclinaison de l'aiguille aimantée.

L'Etoile Polaire n'est pas précisément dans le Pole arctique, elle en est distante de 2 deg. 7 m. 42 secondes ce que, sur un Vaisseau, l'on peut compter pour 2 deg. 8. m.

Lorsque l'Etoile Polaire passe par le premier méridien, elle est au-dessus du Pole. Si alors l'on prend la hauteur du Pole dans l'Etoile Polaire, il faut soustraire 2 deg. 8 m. de la hauteur trouvée, le reste sera la vraye hauteur de Pole. Si au contraire l'on prend hauteur dans l'Etoile Polaire, 12 heures après qu'elle a passé au premier méridien, elle est alors dans le méridien opposé & par conséquent 2 deg. 8 m. au dessous du Pole, c'est pourquoi à la hauteur trouvée, il faut ajouter 2 deg. 8. m. la somme sera la véritable hauteur de Pole.

Par exemple, le 1 Janvier 1731, je trouve que l'Etoile Polaire passe par le premier méridien, à 5 h. 53 m. du soir, à cette même heure, je prens hauteur dans l'Etoile Polaire que je trouve de 54 deg. 20 m. j'en retranche 2 deg. 8 m. il me reste 52 deg. 12 m. pour la veritable hauteur de Pole.

Le 16 Mars 1731, je trouve que l'Etoile Polaire passe par le premier méridien à 56 m. du soir, c'est-à-dire, 56 m. après midi. Comme à cette heure là elle n'est pas visible, j'attens que 12 heures après elle passe au méridien opposé, qui est à 54 min. après minuit (parcequ'il faut retrancher 2 min. pour l'accélération des Etoiles fixes en 12 heures,) ayant pris hauteur dans l'Etoile Polaire, 12 heures après qui est le lendemain matin 17 Mars à 54 min. du matin, je trouve 50 deg. 4 min. à quoi j'ajoute 2 deg. 8 min. la somme 52 deg. 12 min. est la véritable hauteur de Pole

L'Etoile de la Chevre appellée Capella, peut servir à la même chose, elle est éloignée du Pole Arctique de 44 deg. 17 min. Sa déclinaison étant de 45 deg. 43 min.

L'Etoile Regulus est éloignée du Pole Arctique de 76 deg. 44 min. Sa déclinaison étant de 13 deg. 16 min.

L'Etoile Arcturus est éloignée du Pole Arctique de 69 deg. 22 min. Sa déclinaison étant de 20 deg. 38 min.

Après les Tables du mois de Decembre, j'ai ajouté une Table du Passage par le premier méridien de l'Etoile luisante de l'œil du Taureau appellée Aldebaran, pendant les six mois de l'année 1731, qu'elle sera visible.

Quand cette Etoile est dans le Plan du méridien, il passe à 20 deg. au dessous dans le même instant, une petite Etoile du fleuve Eridan de la 4e grandeur, cottée C. dans Bayer.

En quelqu'endroit du monde que l'on soit sur la Mer ou sur la terre, le Plan méridien est perpendiculaire au plan de l'horison, c'est pourquoi, étant sur un Vaisseau, si l'on observe le moment que cette Etoile de l'Eridan est dans l'aplomb au dessous d'Aldebaran, l'on est sûr que dans le même instant ces deux Etoiles sont dans le Plan méridien, ce qui servira à prendre avec justesse la déclinaison de l'aiguille aimantée.

L'on connoîtra aussi l'heure précise qu'il sera sur le Vaisseau. Pour en donner un exemple, étant sur un Vaisseau, l'on observe autant qu'il est possible, avec un à plomb de fil ou de soye assez forte, le moment que ces deux Etoiles sont bien à plomb l'une au dessus de l'autre le 15 Janvier 1731, l'on trouve dans la Table que Aldebaran passe ce jour au premier méridien à 8 heures 32 min. du soir. Si le Vaisseau n'est pas éloigné du premier méridien, il sera precisément 8 h. 32. m. du soir. Mais si le Vaisseau étoit vers les Isles de Salomon dans la Mer pacifique, environ au 250 deg. de longitude, il faudroit retrancher 1 minute, à cause de l'accélération des Etoiles fixes, qui est de 3 m. 56 secondes en 24 heures.

Si sur le Vaisseau il se trouve des montres justes, il faut les mettre à l'heure qui a été trouvée. Un deux ou trois jours après, observant encore le moment du passage de ces deux Etoiles à plomb l'une au dessus de l'autre, la différence de l'heure des montres à celle des Etoiles, donnera la longitude du chemin du Vaisseau entre les deux observations. Supposant que le 17 Janvier 1731, l'on observe sur le même Vaisseau, le passage de ces deux Etoiles, l'une au dessus de l'autre, il sera 8 h. 24 m. si les montres ne marquent que 8 h 9 m. la difference qui est 15 min. fait connoître que le Vaisseau a cheminé vers l'Est de 15 min. d'heures qui valent 3 deg. 45 min. Si au contraire les montres marquent 8 heures 39 minutes, qui sont 15 minutes de plus que celle trouvée par l'observation des Etoiles, cela fera connoître que le Vaisseau a cheminé de 15 minutes vers l'Ouest qui valent 3 degrez 45 min. depuis la premiere observation.

J'aurois souhaité faire douze ou quinze observations differentes de deux Etoiles, à chaque fois passantes l'une au dessus de l'autre dans le même instant par le même méridien, afin d'en donner les Tables, & procurer pour toutes les nuits de l'année, les moyens de trouver l'heure quatre ou cinq fois par chaque nuit, & verifier la déclinaison de l'aiguille aimantée. Mais mes occupations ordinaires ne m'en ont pas donné le loisir, & je n'ai pas encore où je suis toutes les commoditez necessaires pour y réussir avec la justesse requise.

J'espere aussi dans la suite donner d'autres Tables que je crois necessaires.

Ceux qui trouveront des difficultez sur la maniere de connoître les longitudes, sur les vents & en général sur tout ce que j'avance, me feront honneur & plaisir de me faire part de leurs observations, je corrigerai avec plaisir tout ce qui pourra être rectifié, & je supprimerai tout ce qui sera inutile.

De l'Imprimerie de G. F. QUILLAU.

www.ingramcontent.com/pod-product-compliance
Lightning Source LLC
LaVergne TN
LVHW050503160826
845677LV00003B/913

* 9 7 8 2 3 2 9 6 6 4 7 1 2 *